景观手绘表现技法

王炼　陈志东　编著

U0380401

东南大学出版社

SOUTHEAST UNIVERSITY PRESS

·南京·

前　言

　　手绘对于从事景观设计从业者的作用不言而喻，快速表达是体现设计构想的一种手段，是一种提高审美意识的途径，但非最终目的。优秀的设计师不仅要具备活跃的艺术思维，更要具备丰富的创作灵感，而这种最宝贵的感觉是任何先进的电脑软件都不具备的，也不可能被某种流行的现代科技所替代。

　　手绘表现主要目的是设计，而不是纯粹的绘画。在大数据时代，社会各行各业的信息化程度逐渐加深，传统的手绘表现技法已经难以满足信息化时代的发展，解决信息化背景下手绘表现技法的难题已经成为设计师、高校师生的一个刚性需求。手绘在环境设计领域里是一种特定的表现形式，它表示创作者已经从被动的模仿走向主观性的认识。景观专业训练要体现对空间理解的深刻程度和传达思想的流畅性，因此，景观专业的手绘练习，不仅仅是塑造形体能力的训练，更是抽象的审美能力的训练、思维和沟通的训练以及空间立体思维手绘的训练……基于这样的实际情况和高校学生学习手绘盲目性的现状，才有了《景观手绘表现技法》的编写计划。

　　《景观手绘表现技法》与以往同类教材相比有一定的不同，主要表现在：一、对景观手绘表现技法的理解不同，手绘在当下已经有了新的意义，草图表现设计思维已经成为主流；二、本书除了图文并茂外，增加了立体化教学手段，用手机扫描主要章节旁的二维码，即可通过视频加强学习效率；三、本书完整地讲解了手绘表现的主要工具，比较全面地展示了钢笔、彩色铅笔和马克笔的基本技巧和使用方法。相信本书的出版，能对景观设计等相关学科的读者认识手绘和学习手绘有一定的帮助。

　　由于时间仓促，且笔者水平有限，本书难免存在诸多不足之处，还请各位专家学者批评指正！

王　炼

2018 年 10 月 于江苏建筑职业技术学院

目　录
CONTENTS

第一章

景观手绘表现的基础知识

Ray
2016.12.13

第一节　手绘表现及其应用

　　手绘表现是设计师必不可少的一门基本功，是设计师表达设计理念、设计结果最有效和直接的视觉语言，同时也是表达内心审美最恰当的方式。计算机的应用给设计带来历史性的变革，电脑绘图已经成为设计不可或缺的手段，占据着极其重要的地位，3DMax、草图大师、Lumion等绘图软件的便捷性、规范性、准确性、真实性，奠定了电脑绘图的基础地位，俨然成为设计表现的主流甚至全部。很多设计师和学生认为，只要掌握了电脑绘图就掌握了设计的全部，并且景观手绘表现技法这种徒手绘画形式将被那些先进的计算机软件所替代。其实不然，虽然计算机已经普遍运用到建筑环境设计领域，并充分展示出优越性，但这些计算机软件的成果都是人操作后的机械行为，是设计者大脑中主观意识形态的反映。优秀的设计师要具备艺术思维能力和创作灵感，而这种最珍贵的感觉是任何先进的计算机软件不具备的，也不可能被某种流行的现代科技所取代。设计的最终目标是什么，是值得我们思考的问题，当我们翻阅一些建筑大师的作品时，会发现手绘的重要性，他们的手绘作品告诉我们：设计应是思维的流淌，应是转瞬即逝思维的捕捉，是设计过程的不断推敲。一支笔，一张纸，简单的色彩，伟大的设计作品，都在此中诞生（图1-1）。

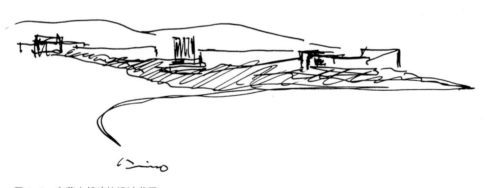

图1-1　安藤忠雄建筑设计草图

景观手绘是指把环境作为对象进行描绘的一种表现形式。景观手绘表现是设计师必不可少的一门基本功，是设计师表达设计方案结果最直接的"视觉语言"。手绘所表达的是一种假设，而设计创意就是假设和推敲的过程。随着电脑技术的发展，用手绘来表现已不是一个最终的目标，而是一种手段和过程，是对空间进行思考和推敲后再经过一系列思维碰撞而产生的灵感火花。手绘是一种语言，能够快速记录设计师的分析和思考内容，也是设计师收集设计资料、表达设计思维的重要手段。手绘能直接反映设计师构思时转瞬即逝的感受和灵感，它所带来的结果往往是无法预见的，而这种不可预知性正是原创设计所具备的重要因素。作为一门视觉艺术，手绘因为表达者自身的艺术修养而呈现出丰富多彩的视觉感染力，这些都是计算机无法比拟的（图1-2）。

　　在建筑和景观等相关设计行业里，手绘是视觉学习和工作不可或缺的技能。景观手绘的应用非常广泛，其作为专业核心课程，是每个学生在学习阶段必须掌握的基本技巧，在研究生入学考试、各类技能大赛和职业考试中也是必考的科目之一，学生在步入园林景观类设计行业工作之后，更是不可或缺的基本技能。从前期接到项目分析解读，到中期方案初步构思，再到付诸笔端形成比较成熟的设计方案，这是一个眼、脑、心、手并用的过程，其园林景观手绘的表达更能彰显设计师的思维特色（图1-3）。

　　景观手绘在建筑环境设计领域里是一种特定的表现形式，它表示创作者已经从被动的模仿开始走向主观性的认识。景观手绘专业训练速写不仅仅是要画得准确、画得漂亮，更是要表达出对空间理解的深刻程度和传达思想的流畅性。因此，我们可以说，相对于造型艺术，建筑手绘的训练不仅仅是塑造形体能力的训练，更是抽象的审美能力的训练，以及思维和沟通的训练……它对建筑设计领域和环境艺术领域等有着不言而喻的重要性。速写是一种视觉艺术，当眼睛观察到对象，视觉的图像迅速连接到心灵，那种转瞬即逝的刺激，即为一个人最初最原始的感受，这便是整个表现当中的灵魂。

　　景观手绘，是用较快的速度来描绘建筑和环境，速度是关键，描绘是目的。而实际上景观手绘不仅是速度上的快捷，更要求我们有敏锐的观察能力和从整体性上捕捉对象的能力，需要眼、手、脑和心的并用，通过对对象的观察、分析和提炼，丰富和完成画面。只有通过这样的练习，才能加深对物体的感性理解和记忆，提高艺术感受的敏锐性和面对复杂问题随机应变的能力。设计是一

图 1-2 景观方案草图

景观手绘表现技法

图 1-3 景观手绘效果图表现

种文化活动，手绘可以提升设计师的综合素质和审美修养，它没有固定的法则和趋向，不同的人面对同一个对象会有不同的感受，其画面在构思、经营、风格等方面会有很大的区别。创作出来的作品往往是个人修养、情感和内心的真实感受，当然也反映出某一特定时期情绪的变化，从画面开始到结束一直都是创作者不断调整画面、调整自我和完善自我的过程（图1-4）。

图1-4 景观手绘线稿

第二节　景观手绘学习方法

对于从事景观建筑行业的设计师来说，绘画是表达设计构想的一种手段，是提高审美意识的一种途径，但非最终目的。景观设计师创作的主要对象是景观设计，而不是绘画。

景观手绘表现要求把建筑和景观等空间对象尽可能如实地展现在画面当中。一般绘画有很多的风格和流派，有的甚至是有很多个人情绪的令人难以理解的抽象画，但是园林建筑绘画从古至今都尽可能地倾向于写实，要为大众所理解和接受，在画面中可以稍加艺术处理，比如夸张、色彩强弱等，在讲究形神兼备的同时，尽可能地突出形似。

对于初学者来说，用心反复地临摹练习是最有效、最容易掌握的方法。临摹不是一味地抄袭，而是学习优秀的表现技巧和审美观念，很多优秀的画家和设计师也经常进行临摹练习。在掌握一定的技法、步骤、审美之后，就可以发挥想象空间了（图1-5）。

表现技法的种类

图1-5　景观空间场景手绘表现

景观手绘表现技法

学习景观手绘的五个要点包括：

1. 了解材料和工具。掌握钢笔、彩色铅笔和马克笔以及纸张的各种特性，能区分每一种材料和工具的性能。从尺寸到规格，从用笔到用色，从陌生到熟练，了解这一基本过程。掌握好基本的材料和工具的性能后，就可以进行专项的学习和训练（图1-6）。

2. 由简入深，从整体到局部，有计划、有步骤、有目的地临摹学习。意在笔先，在画之前，对临摹的对象有一个整体的认识，看到重点、虚实、线条、色彩关系、空间等要素，之后便可动笔。动笔尽可能不用描红，不用铅笔起稿，直接用钢笔开始作画，这样不仅锻炼了临摹者作画的技法和技巧，更锻炼了其整体运作画面的能力。临摹的对象可以广泛，刚开始为树木、人物、花草、汽车等单体，之后逐步深入充实画面，一直到较为整体和完整的建筑绘画作品。在临摹中一定要注意对象的准确性和用笔的灵活性，以提高迅速记录和表达对象的能力。

3. 对景写生。掌握初步技法和技巧后，就可以对照片或者实景进行写生描绘。刚开始时多画小稿，准备一个小的便签本，

图1-6 景观手绘表现工具——马克笔

或者小的水彩本。画面中不需要有生动的细节，只需寥寥几笔，几块颜色，这样就可锻炼作画者的整体意识和宏观控制能力，效果极佳。

4. 从作品中发现问题，并找到解决问题的方法。有目的地去临摹一下经典的范例，一般可反复"临摹—写生—临摹—写生……"，以巩固提升自身的表现方法和整体绘画水平。

5. 了解景观手绘表现技法的基本规律，建立手绘艺术的认识论和方法论，并在以后的艺术实践中不断地丰富和完善自己（图1-7）。

图1-7 景观建筑手绘表现线稿

　　景观手绘表现可分为线稿和上色两个部分。从点到线，从线到面，从面到体，从体积再到空间，这是空间形成的过程。不管是面还是体积，都是从线条开始的，故线条是建筑手绘最基本的要素，如何运用线条来表现客观事物就显得尤为关键。

　　因此，在整个景观手绘表现过程中，要大胆地运用线条来表现景观空间、表达对象，使用同线条体现空间的感觉，升华自我感受。充分运用线条的轻重、长短、疏密、节奏、组合等来综合表现整个画面的艺术效果，通过线条的灵活性和生动性增强艺术表现力（图1-8）。

　　色彩是神秘的，更是千变万化的。在景观手绘时，上色对整个画面起了能动的作用，色彩渲染的好坏直接决定了整个建筑手绘的成功或失败。用笔肯定、笔笔到位体现了一个手绘者水平的高低。用色的时候尽可能大胆些，运用夸张的手法对景观环境进行上色渲染，使画面更加有表现力（图1-9）。

图 1-8　建筑景观手绘写生线稿

图 1-9　环境景观建筑写生上色表现

在画景观手绘效果图的时候，为了保证准确，首先就要求所画的轮廓符合透视原理，但这并不是要求每一个轮廓或者细节都必须遵循透视的原理，因为这样太繁琐。例如，园林不论规模大小，只要大的轮廓和比例关系基本符合透视原理就可以了，至于细节，比如花草和小的构筑物等，多半是凭着经验和感觉来判断。

　　要注意的是，画景观手绘表现效果图时，不要一味地练习所谓的建筑外延效果，不要对材质等进行太真实的描绘，也不要太追求画面的投影反光、颜色渐变等达到真实的效果，因为这样往往要消耗更长的时间，且效率很低。那些高超的艺术绘画技法难度很大，不正确的认识可能导致花费大量的时间训练，却没有实际意义，事倍功半。因此，面对复杂的设计训练和大量的方案作业，应该要求快速而简洁的手绘表现形式，体现空间结构，突出设计思维，营造整洁画面。综上所述，手绘表现发展到今天已经有了新的手段和意义，要将徒手创作能力视为首要的训练目标，将纯粹的绘画艺术和设计表现、空间实用性表现彻底的区分开，将景观手绘表现效果图效果视为次要的训练目标。在这样客观成熟的认知前提下学习，才能真正体验手绘所带来的快乐。

第三节 景观手绘工具及材料

一、笔

笔是人类的一项伟大发明,是供书写或绘画用的工具,多通过笔尖将带有颜色的固体或液体(墨水)在纸或其他固体表面绘制文字、符号或图画。在建筑手绘表现里,经常使用的笔包括美工笔、针管笔、中性笔、彩色铅笔、马克笔、其他笔等等。

1. 美工笔

美工笔是借助不同的笔头倾斜度制造线条粗细效果的特制钢笔,被广泛应用于美术绘图、硬笔书法等领域,是艺术创作时的实用工具。

艺术美工笔有一般用法又有特殊用法。使用时,把笔尖立起来用,画出的线条细密;把笔尖卧下来用,画出的线段则宽厚,这是一般钢笔所没有的功能(图1-10)。

用美工笔书写、描绘出的文字或图案,色泽可以保持得比一般钢笔更为持久。这是因为一般钢笔与美工笔所使用的墨水是不同的,美工笔所用的是靓丽浓重的碳素墨水。使用美工笔,不仅可写可画,而且,让人同时得到一种艺术的享受和熏陶。

如何选择手绘工具与材料

图1-10 美工笔

2. 针管笔

图 1-11　针管笔

针管笔是绘制图纸的基本工具之一，能绘制出粗细均匀一致的线条。其笔身是钢笔状，笔头是长约2cm 的中空钢制圆环，里面藏着一条活动细钢针。上下摆动针管笔，即能清除堵塞笔头的纸纤维。

针管笔的针管管径的大小决定了所绘线条的宽窄，其针管管径有 0.1 ~ 2.0mm 等各种规格，在设计制图中至少应备有细、中、粗三种不同型号的针管笔。但是，在手绘表现中一般没有要求，使用方便、得心应手即可。常用的针管笔品牌有雄狮、马可、樱花等（图 1-11）。

3. 中性笔

图 1-12　中性笔

中性笔又称水笔，是一种使用滚珠原理制造的笔，笔芯内装水性或胶状墨水，与内装油性墨水的圆珠笔大不相同，书写介质的黏度介于水性和油性之间。中性笔起源于日本，是国际上流行的一种新颖的书写工具。中性笔兼具自来水笔和圆珠笔的优点，书写手感舒适，油墨黏度较低，并增加了润滑的物质，因而比普通油性圆珠笔使用更加顺滑，是油性圆珠笔的升级换代产品，其造价低廉，携带方便，笔芯粗细规格多样，线条流畅。目前，中性笔是建筑风景速写中最常见的绘画工具（图 1-12）。

4. 彩色铅笔

彩色铅笔是一种非常容易掌握的涂色工具，画出来的效果以及样式都类似于铅笔，其颜色多种多样，画出来的效果较淡，大多便于被橡皮擦去。彩色铅笔是用经过专业挑选的，具有高吸附显色性的高级微粒颜料制成，兼有透明度和色彩度，在各类型纸张上使用时都能均匀着色，流畅描绘，笔芯不易从芯槽中脱落。有单支系列（129 色）、12 色系列、24 色系列、36 色系列、48 色系列、72 色系列、96 色系列等。

彩色铅笔也分为两种，一种是水溶性彩色铅笔，另一种是不溶性彩色铅笔（图 1-13）。

图 1-13　彩色铅笔

5. 马克笔

马克笔（Marker pen 或 marker），又名记号笔，是一种用于书写和绘画的彩色笔，本身含有墨水，且通常附有笔盖，一般拥有坚硬笔头。马克笔的颜料具有易挥发性，用于一次性的快速绘图。常用于设计物品、广告标语、海报绘制等场合。在建筑手绘表现中，马克笔几乎成为主流的上色手绘工具。马克笔可画出变化不大的、较粗的线条。箱头笔即为马克笔的一种。现在的马克笔墨水分为水性和油性两种，水性的墨水类似彩色笔，不含酒精成分；油性的墨水因为含有酒精成分，故味道比较刺激，而且较容易挥发。

常见的马克笔品牌有：

（1）国外品牌

①日本 Copic Wide 马克笔：单头，价格昂贵，效果极佳，宽笔头，笔头宽度为 21 mm，又被喻为：背景色之王（图 1–14）。

②美国 AD 马克笔（油性、发泡型笔头）：价格昂贵，但效果最好，颜色近似于水彩的效果（图 1–15）。

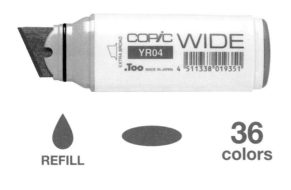

图 1–14　日本 Copic Wide 马克笔

图 1–15　美国 AD 马克笔

图 1-16　美国三福（Sanford）马克笔

图 1-17　美国犀牛（Rhinos)马克笔

图 1-18　韩国 Touch 马克笔

图 1-19　国产 Touchfour 马克笔

③美国三福（Sanford）马克笔（油性、发泡型笔头）：双头，可以变化笔头角度以画出不同笔触效果，颜色柔和，性价比较高（图 1-16）。

④美国犀牛（Rhinos）马克笔（油性、发泡型笔头）：双头，笔头较宽，色彩饱满，性价比较高（图 1-17）。

⑤韩国 Touch 马克笔（酒精性、纤维型笔头）：双头（小头为软笔），效果很好（图 1-18）。

（2）国内品牌

①金万年（高密度纤维头）：国产中效果较好。

②凡迪（Fand）：价格便宜，适合学生、初学者拿来练手。

③遵爵（油性）：同类产品中质量、表现都是最佳。

④法卡勒（酒精性）：效果很好，颜色近似于水彩。

⑤国产 Touchthree/Touchfour（三代、四代、五代等）：性价比较高（图1-19）。

6. 其他笔

铅笔、毛笔、炭笔等手绘工具在手绘中起一定的辅助作用，一般较少使用，初学者只需适当了解即可。

二、纸张

纸张，纸的总称，用植物纤维制成的薄片，用于写画、印刷书报、包装等。景观手绘时常用到以下类型的纸张。

1. 素描纸

素描纸介于打印纸与牛皮纸之间，厚度中等，较为粗糙，适于铅笔与炭笔着色，初学通常使用 8 开大小的，熟练后用 4 开大小的。素描纸是常见的手绘用纸之一（图 1-20）。

2. 打印纸

打印纸是打印文件以及复印文件时所用的一种纸张，具有规格整齐、造价低廉、纸面光滑、携带方便等优点，也是手绘中常用的纸张，不论是线条的表现，还是彩色铅笔和马克笔的上色表现，都可以用打印纸作为载体，且效果不错。规格有 A0、A1、A2、B1、B2、A4、A5 等（图 1-21）。

3. 马克笔专用纸

马克笔专用纸又称唛架纸、绘图纸等，是厂家为马克笔手绘表现专门定制的一种纸张，纸面较光滑，比一般的打印纸要厚一些，色彩的吸附力也更好，尺寸以 A3 为主，价格适中。

图 1-20　素描纸

图 1-21　打印纸

4. 其他纸

在景观手绘时，还会用到如水彩纸、硫酸纸、有色纸等。水彩纸是上色的最佳用纸，有粗、中、细纹理之分，一般采用细纹理。水彩纸成本较高，一般在手绘时的使用率较低。硫酸纸是一种专门用于工程描图及晒版的半透明介质，表面没有涂层，在手绘方案图时也常常使用（图1-22）。有色纸是在普通白纸的基础上施加颜色，在建筑手绘效果图中常常用于起特殊的效果，一般情况下使用较少，学生基本了解即可。

图 1-22　硫酸纸

景观手绘表现技法

第二章
基础表现技法

第一节　线条训练

用线来概括表现对象是一种简洁、高明的方法。线条是手绘表现的开始，也是一切表现技法中最重要的一种表达方式。画线条最重要的是要放松自己的状态和情绪，不要把它想得有多困难，不要认为像"尺子"一样的线条才是最好的。应该换一种认识，因为在手绘时越是轻松舒缓的灵活线条，越具备丰富的张力和表现力（图2-1）。

建筑景观鸟瞰图手绘线稿表现

景观手绘表现技法

图2-1　公园景观手绘线稿表现

握笔的时候尽量靠近笔的中部位置，笔和直面成斜角，不要垂直，这样视线开阔，便于灵活运线条。在运笔的过程中，出线要果断、肯定，手放轻松，心态平稳，呼吸均匀，手、笔同步运行，这样才能画出趋向性较明确的线条（图2-2）。

短线：

长线与弧线：

随意线条：

粗线、细线、直线、弧线：

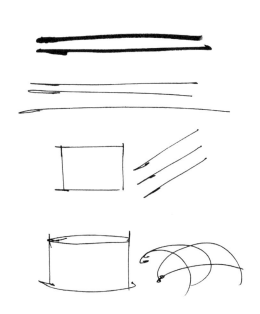

图2-2　各种线条的表现

第二节　线的排列与组织

　　由点到线、由线到面、由面到体、由体到空间,这是手绘表现的自然规律和法则。单独的一根线条是一切的基础,线条的排列和组织构成画面中的大千世界。因此线条的排列和组织的训练尤为关键。

1.直线排列（图 2-3）

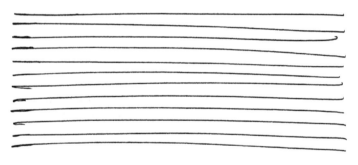

图 2-3　直线排列

2.弧线排列（图 2-4）

图 2-4　弧线排列

景观手绘表现技法

3. 长线排列（图2-5）

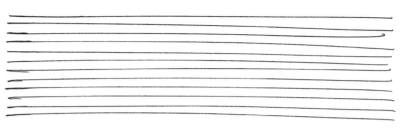

图2-5 长线排列

4. 短线排列（图2-6）

图2-6 短线排列

5. 粗细线排列（图2-7）

图2-7 粗细线排列

6. 横竖线交叉（图2-8）

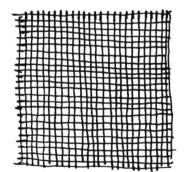

图2-8 横竖线交叉

7. 斜线重叠（图2-9）

8. 竖线重叠、横线重叠（图2-10）

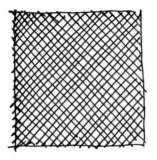

图2-9　斜线重叠

图2-10　竖线重叠、横线重叠

9. 曲线重叠（图2-11）

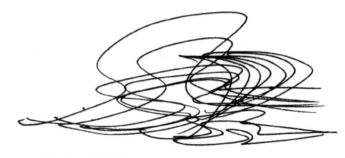

图2-11　曲线重叠

10. 综合排列（图2-12）

图2-12　综合排列

景观手绘表现技法

第三节　线条的运用

　　景观园林手绘的线条表现图是以线条来表述园林景观对象的艺术语言、形态语言、视觉语言，同会话语言一样，有自己的语法。线条有长短、粗细、宽窄、动静、方向等空间特性，有直曲之分。直线分为水平、垂直、斜向等；曲线分为几何曲线和自由曲线。在视觉心理上，直线具有锐利、豪爽、厚重、运动、速度、持续、刺激、明快、整齐、自由、舒展等特性；曲线则显得柔软、丰满、优雅、间接、迂回、轻快、奔放、热情、跳跃、含蓄；斜线具有不安定感，但方向性强，具有动感，易产生紧张的画面气氛。这些看似单一、平凡的"符号"，若能得心应手地运用，便能促使建筑师的设计思维有更为广阔的天地。

一、紧线及紧线的运用

　　紧线在建筑风景速写中是最常用的线条，它可以表达建筑物结实、刚劲等特性，同时在表达方直的物体时可以非常好地体现出物体的形体和质感（图2-13、图2-14）。

图2-13　紧线

图2-14　紧线的运用

二、缓线及缓线的运用

缓线运笔较慢，略有停顿，用笔也稍轻，与紧线形成较强烈的对比。在建筑风景画中，缓线一般在画大的建筑物轮廓、木材纹理、树枝等体量较轻的物体时用得比较多（图2-15、图2-16）。

图2-15 缓线

图2-16 缓线的运用

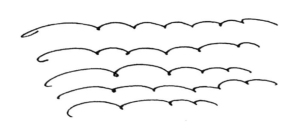

图2-17 颠线

三、颠线及颠线的运用

颠线，即颠簸的线条，在画云彩、水面、树木和不平整的地面等表面高低不平的对象时有较好的表现力（图2-17、图2-18）。

景观手绘表现技法

图2-18 颠线的运用

四、线的粗细变化

线的粗细变化实际在写生中起着非常重要的作用，不仅丰富画面，避免呆板，更重要的是可以描绘出建筑风景的层次和质感（图2-19、图2-20）。

图 2-19 线的粗细变化

图 2-20 线粗细变化的运用

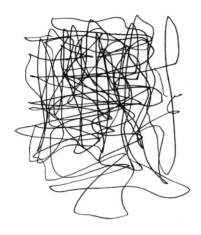

五、随意的线

随意的线在建筑表现中应用较少，在配景中应用较多。随意的线和严谨的线形成对比，丰富了画面，也增加了画面的情趣（图2-21、图2-22）。

图2-21　随意的线

图2-22　随意线的运用

景观手绘表现技法

第四节　彩色铅笔的表现技法

一、彩色铅笔的特点

　　彩色铅笔分为不溶性和水溶性两种。不溶性彩色铅笔又可分为干性和油性，市面上大部分是不溶性彩色铅笔，因价格便宜，是入门手绘者的最佳选择。手绘的效果较淡，简单清晰，大多可用橡皮擦去，有着半透明的特征，可通过颜色的叠加，呈现不同的画面效果，是一种较具表现力的绘画工具。水溶性彩色铅笔又叫水彩色铅笔，它的笔芯能够溶解于水，碰上水后，色彩晕染开来，可以实现水彩般透明的效果。水溶性彩色铅笔有两种效果：在没有蘸水前和不溶性彩色铅笔的效果是一样的；在蘸上水之后就会变成像水彩一样，颜色非常鲜艳亮丽，色调柔和。手绘者如果条件允许的话，建议使用水溶性彩色铅笔（图2-23）。

图 2-23　街道建筑景观彩色铅笔上色表现

二、彩色铅笔的笔触

彩色铅笔的笔触相对于马克笔要简单许多。在上色的过程中,彩色铅笔由于材料的不同,且笔触材料较粗,对空间的表达有一定的表现力,可以单独表现空间效果,但是更多的时候是与马克笔结合使用,在某些地方起到对马克笔颜色的过渡作用。

三、彩色铅笔的排列方法(图 2-24)

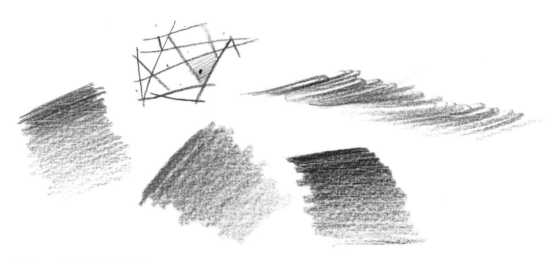

图 2-24　彩色铅笔的排列方法

四、彩色铅笔的排列叠加(图 2-25)

景观手绘表现技法

图 2-25　彩色铅笔的排列叠加

五、彩色铅笔的质感表现

天空的彩铅质感表现：图 2-26。

砖墙的彩铅质感表现：图 2-27。

木栈道的彩铅质感表现：图 2-28。

大理石材的彩铅质感表现：图 2-29、图 2-30。

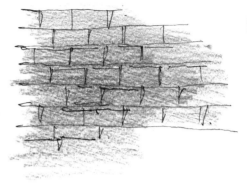

图 2-27　砖墙的彩铅质感表现

图 2-26　天空的彩铅质感表现

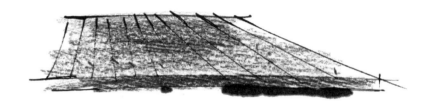

图 2-28　木栈道的彩铅质感表现

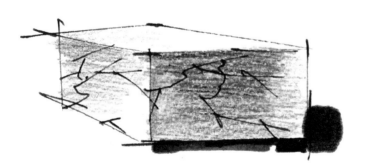

图 2-29　大理石材的彩铅质感表现 1

图 2-30　大理石材的彩铅质感表现 2

文化石的彩铅质感表现：图 2-31。

水的彩铅质感表现：图 2-32。

玻璃、瓷器等的彩铅质感表现：图 2-33。

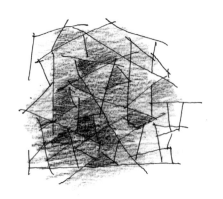

图 2-31　文化石的彩铅质感表现　　　　　图 2-32　水的彩铅质感表现

景观手绘表现技法

图 2-33　玻璃、瓷器等的彩铅质感表现

第五节 马克笔的表现技法

一、马克笔的特点

马克笔的普通笔头多为扁平的纤维型和发泡型，其笔触硬朗、犀利，色彩均匀，高档笔头设计为多面，笔头转动便能画出不同宽度的笔触。马克笔适合描绘空间体块的塑造，多用于建筑、室内、工业设计、产品设计的手绘表达中。纤维型笔头分为普通头和高密度头两种，区别是书写时分叉或不分叉。发泡型笔头较纤维型笔头更宽，笔触柔和，色彩饱满，画出的色彩有颗粒状的质感，适合景观、水体、人物等软质景、物的表达（图2-34）。

马克笔的基本技法

二、马克笔的笔触

最常见的马克笔的笔触包括单行摆笔、叠加摆笔、点笔触、扫笔触等。

图2-34 马克笔

三、马克笔的单行摆笔

摆笔是马克笔最基本的笔法形式，这种形式就是线条简单的平行或者垂直排列，强调画面的效果，为画面建立秩序感，每一笔之间的交接痕迹都比较明显。

马克笔的单行摆笔强调快速、明确、一气呵成，并追求一定的力度，画出来的每一根线都应该有较清晰的起笔和收笔的痕迹，这样才显得完整有力。运笔的速度也要稍快，这样才能实现干脆、果断、有力的效果。切忌缓慢用笔，这样则会使笔触含糊不清，显得稍腻。对于长线也应该一气呵成，中间尽量不要停笔。

由于马克笔笔头较小，所以不适合做大面积的渲染，遇到过大或者过长的面或线的时候，手法上要做必要的过渡，笔触之间要有疏密和粗细的变化，要利用折线的笔触形式逐渐的拉开间距，概括的表达过渡效果。另外，随着线的空隙加大，笔触也要越来越细，也就需要不断地调整笔头的角度（图2-35～图2-37）。

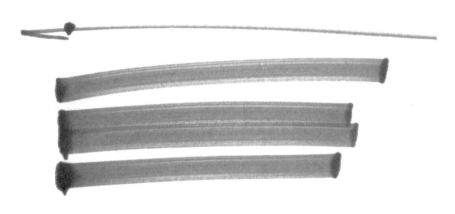

图2-35 马克笔的单行摆笔1

图2-36 马克笔的单行摆笔2

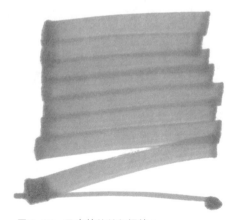

图2-37 马克笔的单行摆笔3

四、马克笔的叠加摆笔

马克笔的叠加摆笔也是很常见的，它能使画面色彩丰富、清晰。为了实现更明显的对比效果，往往会在第一遍颜色铺完之后，用同一色系的马克笔再叠加一层，一般叠加的时候第二层颜色要比第一层更深，这样才能出现对比的效果。叠加的时候运笔方向和第一层的运笔方向要统一，尽量不要交叉，否则画面会显得乱而无序（图2-38～图2-40）。

图 2-38　马克笔的叠加摆笔 1　　　　图 2-39　马克笔的叠加摆笔 2

图 2-40　马克笔的叠加摆笔 3

五、马克笔的特殊笔触

点笔触有大点、小点等，常用来画细小的物体和细节，以增强画面的节奏感。其特点是笔触不以线条为主，而以笔块为主，在笔法上是最灵活随意的。但点笔触也要有方向性和整体性，要控制好边缘线和疏密变化，不能随处乱点，以免导致画面凌乱（图2-41）。

扫笔触的特点是起笔稍重，然后迅速提笔，速度比摆笔更快且需明显的收笔，

但无明显收笔并不代表草率收笔，还是有一定的方向性和长短的要求，扫笔触是为了强调明显的衰减变化。最常见的扫笔触运用在画光效果的时候，使光晕的衰减效果更明显，越到远处，阴影的边缘就会越虚，如果有明显的收尾笔触，就体现不出衰减效果。所以扫笔触是特殊笔触中需要掌握的基本技巧之一（图2-42、图2-43）。

其他特殊笔触如图2-44所示。

图2-41 马克笔的点笔触

图2-42 马克笔的扫笔触1

图2-43 马克笔的扫笔触2

图2-44 马克笔的特殊笔触

六、马克笔的质感表现

在造型艺术中把不同物象用不同技巧所表现的真实感称为质感。不同物质表面的自然特质称为天然质感，如空气、水、岩石、竹木等；经过人工处理的表面特质称为人工质感，如砖、陶瓷、玻璃、布匹、塑胶等。不同的质感给人以软硬、虚实、滑涩、韧脆、透明与浑浊等不同的感觉。质感作为空间物体的载体，起到很重要的作用。马克笔的质感表现好坏，直接影响空间场景表现的直观程度。

马克笔的木材质感表现：图2-45、图2-46。

马克笔的水材和石材质感表现：图2-47～图2-50。

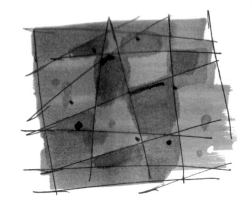

图2-45　马克笔的木材质感表现1

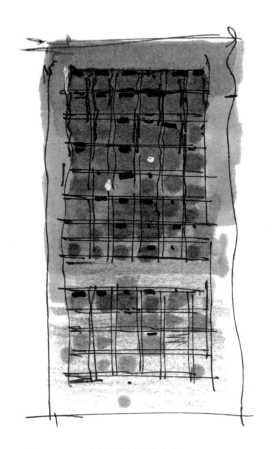

图2-46　马克笔的木材质感表现2

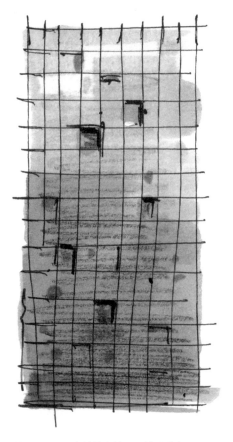

图2-47　马克笔的水材和石材质感表现1

图 2-48　马克笔的水材和石材质感表现 2

景观手绘表现技法

图 2-49　马克笔的水材和石材质感表现 3

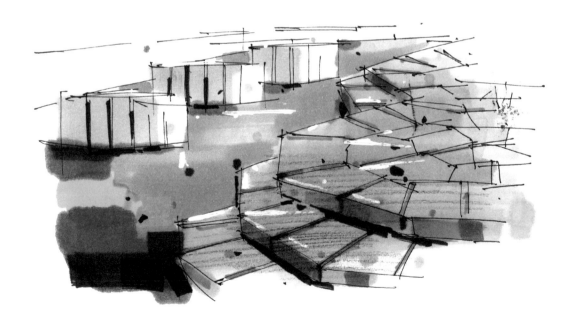

图 2-50　马克笔的水材和石材质感表现 4

马克笔的玻璃材质感表现：图 2-51、图 2-52。

马克笔的综合材质感表现：图 2-53。

图 2-51　马克笔的玻璃材质感表现 1

图 2-52　马克笔的玻璃材质感表现 2

图 2-53　马克笔的综合材质感表现

第六节　建筑色彩的表现技法

一、色彩基础知识

在大千世界中，人们视觉感受到的色彩非常丰富，按种类可分为原色、间色和复色，按色彩的系别则可分为无彩色系和有彩色系。

原色：色彩中不能再分解的基本色称为原色。原色能合成出其他色，而其他色不能还原成本来的颜色。颜料的三原色为品红（明亮的玫红）、黄、青（湖蓝），从理论上来讲三原色可以调配出其他任何色彩，同色相加得黑色，但因为常用的颜料中除了色素外还含有其他化学成分，所以两种以上的颜料相调和，纯度就会受影响，调和的色种越多就越不纯，也越不鲜明，故三原色相加只能得到黑浊色，而不是纯黑色。

三原色：图 2-54。

三原色的叠加关系图：图 2-55。

图 2-54　三原色　　　　　　　　　　　　　图 2-55　三原色的叠加关系图

间色：两个原色混合得到间色，间色也只有三种。色光三间色为红、绿、蓝，有些摄影书上称为"补色"，指其在色环上为互补关系。颜料三间色为橙、绿、紫，也称第二次色。必须指出的是，色光三间色恰好是颜料的三原色。这种交错关系构成了色光、颜料与色彩视觉的复杂联系，也构成了色彩原理与规律的丰富内容（图2-56）。

复色：颜料的两个间色或一种原色和其对应的间色（红与青、黄与蓝、绿与洋红）相混合得到复色，亦称第三次色。复色中包含了所有的原色成分，只是各原色间的比例不等，从而形成了红灰、黄灰、绿灰等灰调色（图2-57）。

图2-56　间色

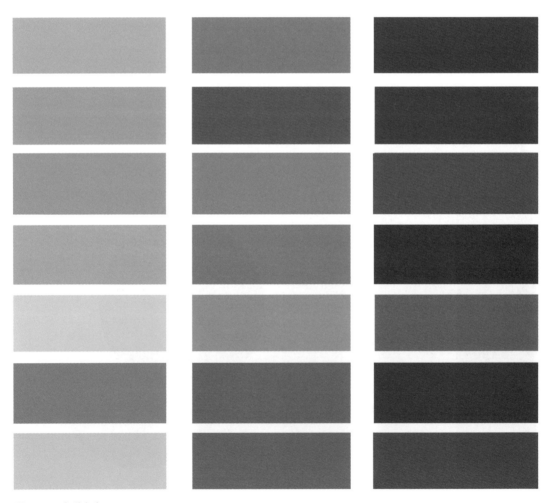

图2-57　各种灰色

景观手绘表现技法

色相：色相是色彩的首要特征，是区别各种色彩最准确的标准。任何黑、白、灰以外的颜色都有色相的属性，色相是由原色、间色和复色来构成的。色相是色彩可呈现出来的质地面貌。自然界中的色相是无限丰富的，如湖蓝、银灰、橙黄等。色相环图如图2-58所示。

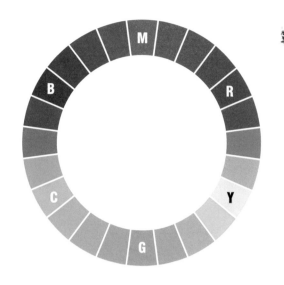

纯度：纯度是用来表现色彩的鲜艳和深浅，是深色、浅色等色彩鲜艳度的判断标准。纯度最高的色彩就是原色，随着纯度的降低，色彩就会变得暗、淡。纯度降到最低就会失去色相，变为无彩色，也就是黑色、白色和灰色。

图2-58　色相环图

同一色相的色彩，不掺杂白色或者黑色，则被称为纯色。在纯色中加入不同明度的无彩色，会出现不同的纯度。以蓝色为例，向纯蓝色中加入一点白色，纯度下降而明度上升，变为淡蓝色；继续增加白色的量，颜色会越来越淡。加入黑色或灰色，则纯度和明度同时下降。纯度推移图如图2-59所示。

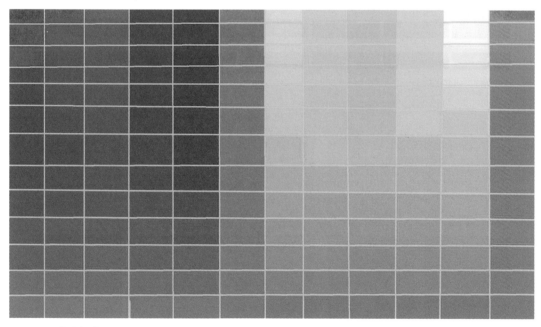

图2-59　纯度推移图

明度：明度是指色彩的亮度。由于反射光的强弱不同，色彩会产生明暗的深浅变化。明度推移图如图 2-60 所示。

颜色是由光的折射产生的，红、黄、蓝是三原色，其他的色彩都可以用这三种色彩调和而成，因此我们可以用颜色的变化来表现光影效果，这无疑将使我们的手绘作品更贴近现实。

色彩是一种奇妙的东西，它是美丽而丰富的，它能给人类心灵带来不同的感受。一般来说，红色是火的颜色，热情、奔放，也是血的颜色，象征生命；黄色是明度最高的颜色，显得华丽、高贵、明快；绿色是大自然草木的颜色，意味着纯自然和生长，象征安宁、和平与安全；紫色是高贵的象征，有庄重感；白色能给人以纯洁与清白的感觉，表示圣洁。2019 年的流行色图如图 2-61 所示。

图 2-60　明度推移图

图 2-61　流行色图

色彩代表了不同的情感，有着不同的象征含义。象征含义是人们思想交流时的一个复杂问题，它因人的年龄、地域、时代、民族、阶层、经济收入、工作能力、教育水平、风俗习惯、宗教信仰、生活环境、性别差异等而有所不同。

图 2-62　色彩的运用图

色彩的运用图如图 2-62 所示。

家具色彩的运用图如图 2-63 所示。

环境色彩的运用图如图 2-64 所示。

图 2-63　家具色彩的运用图

图 2-64　环境色彩的运用图

二、建筑配色

为了制定色彩基准，打造优美有序的手绘城市建筑色彩环境，建筑配色要遵循一定的原则。建筑色彩控制范围包括：基础色、辅助色、点缀色和环境色（图2-65）。

基础色：决定建筑主题印象的色彩，一般占画面尺寸的60%左右。

辅助色：丰富建筑表情的色彩，一般占画面尺寸的10%左右。

点缀色：彰显建筑独特个性的色彩，一般占画面尺寸的5%左右。

环境色：画面中的天空、绿化、道路等，一般占画面尺寸的25%左右。

图2-65　建筑配色手绘效果图

第三章

建筑透视、构图

第一节　几何形体、复杂形体

根据一定原理，在空间关系中用线条来表示物体近大远小和虚实的科学称为透视。透视对于建筑速写来说是至关重要的，一幅优秀的速写作品必须符合基本透视规律，选择舒服的视点，较准确地表达空间关系。如果透视出现了问题，不管线条和表现方式多么精彩，都失去了速写的意义。在建筑速写中，虽然不要求每一个体块、每一个细节都符合透视的规律，但是大的透视关系是不能出现失误的。

在画建筑速写的时候，为了保证准确，首先要求所画的轮廓符合透视原理，这不是要求每一个轮廓或者细节都必须遵循透视的原理，因为这样太繁琐，只要大的轮廓和比例关系基本符合透视关系就可以了，至于细节，比如门窗和小的装饰物品，多半是凭着经验和感觉来判断完成。

一、简单几何体线稿（图 3-1）

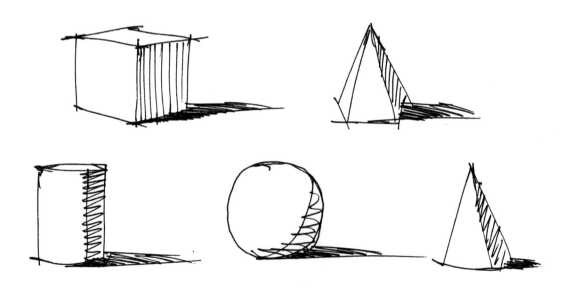

图 3-1　简单几何体线稿

景观手绘表现技法

二、几何体组合线稿（图3-2）

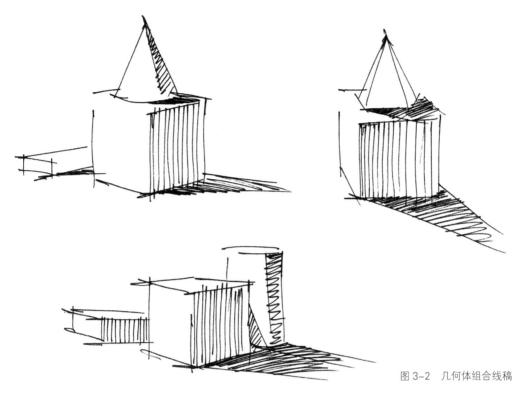

图3-2　几何体组合线稿

三、几何体切割线稿（图3-3）

图3-3　几何体切割线稿

四、复杂几何体线稿（图3-4）

五、从几何体到建筑环境的过渡

　　描绘较复杂的建筑环境时，没有经验的人经常感到束手无策，其实复杂的建筑环境通常可以归纳为简单的几何体，这样在描绘的时候就事半功倍了（图3-5、图3-6）。

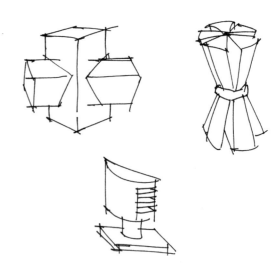

图3-4　复杂几何体线稿

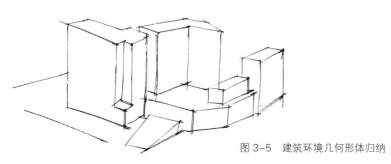

图3-5　建筑环境几何形体归纳

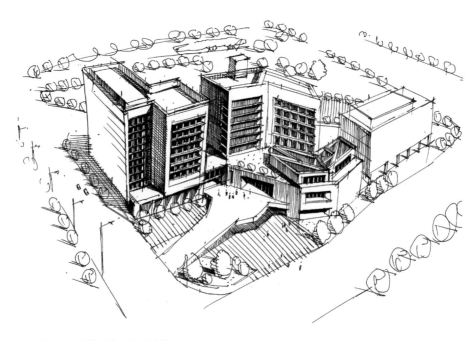

图3-6　建筑环境鸟瞰手绘线稿

景观手绘表现技法

第二节　透视

一、一点透视

　　一点透视在建筑速写中是非常常见的，也是比较容易掌握的。它可以表达各种不同的建筑空间环境，最常见的是表现街道、马路景色，也可以表达极其强烈的空间纵深感。一点透视的消失点的位置尤为重要，它决定了画面上所有的透视方向和视角（图3-7）。

景观一点透视图示意

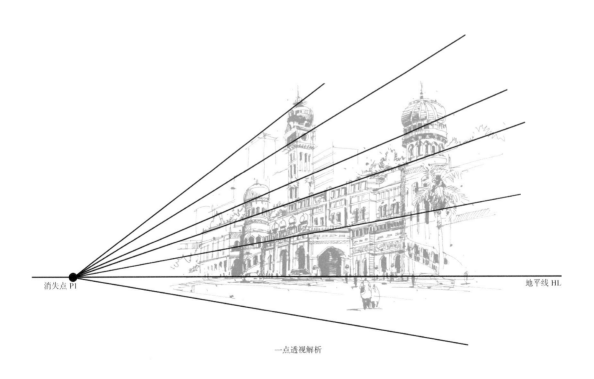

消失点 PI　　　　　　　　　　　　　　　　　　　　地平线 HL

一点透视解析

图3-7　一点透视示意图

一点透视作品: 图3-8、图3-9。

图3-8 街道景观一点透视效果图

景观手绘表现技法

图3-9 古镇景观一点透视手绘线稿

二、两点透视

两点透视也叫成角透视，其消失点为两个，而且一般
情况下应在同一个水平线左右。这样不仅可以画出建筑物
本身的两个体面，而且体积感更强烈。它和一点透视相同
的是，可以明确的表达建筑空间的强烈透视感。消失点的
选择应尽可能一远一近，因为差别比较大的时候，能增加
对比，增加空间的生动性和灵活性，避免呆板、没有生气
（图 3-10 ）。

景观两点透视示意

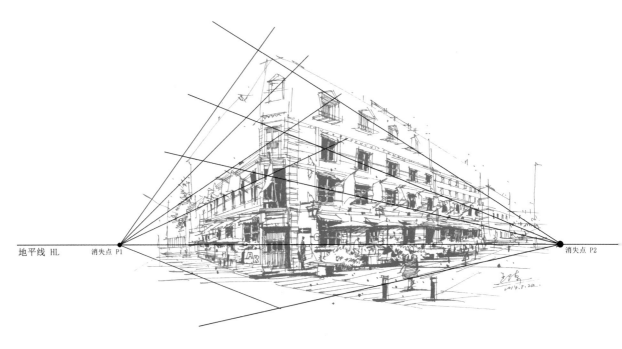

地平线 HL　　消失点 P1　　　　　　　　　　　　　　　　　　　　　　　　消失点 P2

两点透视解析

图 3-10　两点透视示意图

两点透视案例：图 3-11、图 3-12。

图 3-11　两点透视景观建筑手绘线稿

景观手绘表现技法

图 3-12　两点透视建筑手绘线稿

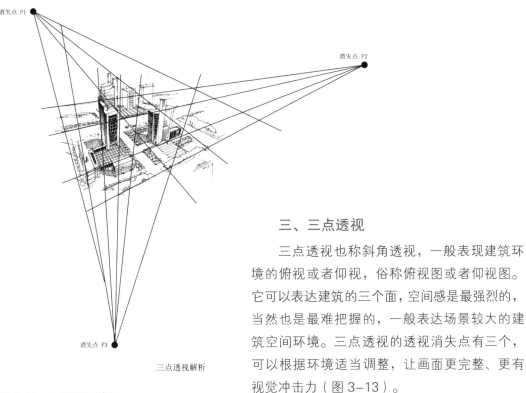

消失点 P1

消失点 P2

消失点 P3

三点透视解析

图 3-13 三点透视示意图

三、三点透视

三点透视也称斜角透视，一般表现建筑环境的俯视或者仰视，俗称俯视图或者仰视图。它可以表达建筑的三个面，空间感是最强烈的，当然也是最难把握的，一般表达场景较大的建筑空间环境。三点透视的透视消失点有三个，可以根据环境适当调整，让画面更完整、更有视觉冲击力（图 3-13）。

三点透视案例：图 3-14、图 3-15。

图 3-14 三点透视建筑环境手绘表现

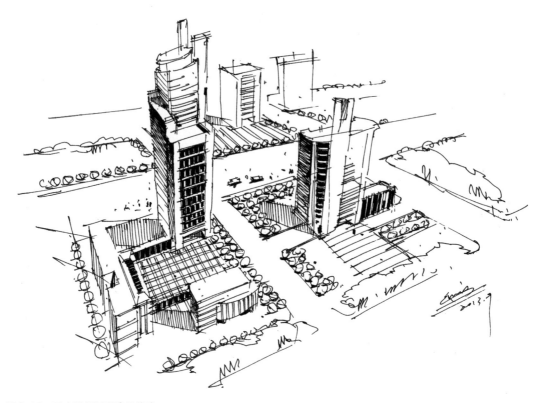

图 3-15　三点透视景观建筑线稿

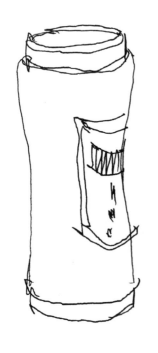

图 3-16　圆面透视线稿示意图

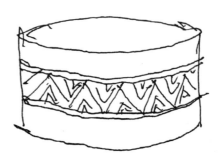

四、圆面透视

　　圆面透视的方法是先做出圆的外切正方形的透视，再观察圆上各点在外切正方形中的位置，定出各点的透视。圆面透视是透视中较常用的一种，用于描绘如土楼、球体、圆桌、拱门等（图3-16、图3-17）。

景观手绘表现技法

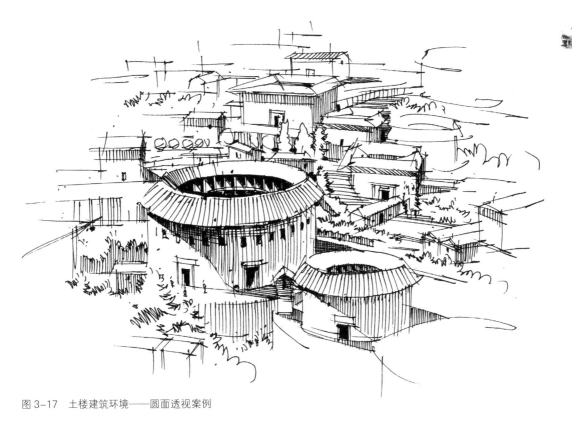

图 3-17 土楼建筑环境——圆面透视案例

五、散点透视

观察点不固定在一个地方，也不受下定视域的限制，而是根据需要，移动着立足点进行观察，各个立足点上所看到的东西，都可组织进自己的画面中，这种透视方法叫作"散点透视"。著名的《清明上河图》就是根据散点透视绘制的。散点透视在建筑手绘表现中极少用到，大家只需了解即可（图 3-18）。

图 3-18 《清明上河图》——散点透视

第三节　构图取景

　　构图，就是组织画面，即把观察到的绘画内容在画面中和谐、统一、完整地体现出来。

　　构图的基本原则：均衡与对称、对比与视点。

　　均衡与对称是构图的基础，主要作用是使画面具有稳定性。均衡与对称本不是一个概念，但两者具有内在的同一性——稳定。稳定感是在长期观察自然中形成的一种视觉习惯和审美意识，凡符合这种审美观念的造型艺术才能产生美感，违背这个原则，视觉上就不舒服。均衡与对称都不是平均，而是一种合乎逻辑的比例关系。对称的稳定感特别强，能使画面有庄严、肃穆、和谐的感觉，我国古代的建筑是对称的典范。均衡与对称比较而言，变化要大得多，因此，对称虽是构图的重要原则，但实际运用比较少，因为运用多了就有千篇一律的感觉，所以，相对对称是更好的选择。相对对称是在对称的基础上适当改进，保持其原有的稳定特点，并适当改变对象的上下、大小、造型等关系，让其更有变化和特点（图3-19、图3-20）。

　　对比与视点不仅能增强艺术感染力，更能鲜明的反映和升华对象。对比构图，是为了突出主题、强化主题。有各种各样的对比，在建筑速写里有：一是造型的对比。主要体现在物体的大和小、高和低、胖和瘦、粗和细等因素上。二是主次的对比。主要体现在主体和客体、强和弱、虚和实的因素上。三是技法的对比。即在画面当中，根据不同的对象，用对应的技法来表现。视点是绘画方面的概念。眼睛看物体所处的位置定为一点，叫视点。在景观手绘表现中，视点的选择十分重要，它决定了手绘画面的范围，同时对景观环境描绘具体内容的交代也起到了重要作用。视点的高低不同，视觉范围也不同，视点主要分为仰视、平视和俯视（图3-21、图3-22）。

　　在一幅作品中，可以运用单一的对比，也可同时运用多种对比，对比的方法比较容易掌握，并可以根据对象灵活的运用，但要注意不能死搬硬套、牵强附会、喧宾夺主。"谢赫六法"中的"经营，位置是也"就是构图。为什么不说是分布位置而称经营位置？因为取得好的题材还不一定能成功，紧跟着要研究主体部分放在哪里，次要部分如何搭配得宜，甚至空白处、气势、色彩、题词等等的细节都要反复推敲，宁可没有画到，但不能没有考虑到，这种推敲布置的过程就是一种经营（图3-23、图3-24）。

景观手绘表现技法

图 3-19 建筑环境均衡示意图

图 3-20 景观环境对称示意图

图 3-21　加德满都建筑手绘线稿

图 3-22　景观建筑环境手绘上色效果图

图 3-23　街道景观建筑手绘表现线稿

图 3-24　某高校校门入口处环境线稿表现

一、前景、中景、后景

在建筑风景写生中，把前景、中景、后景在画面中完全地体现出来，就能够充分的拉开前后的关系，增强画面的纵深感和空间感（图3-25）。

二、加入非实景中的景色

把别处的景色或者物体位移到自己的画面当中，可增强画面的丰富性和趣味性（图3-26）。

图3-25　前景、中景、后景示意图

建筑实景　　　　　平移的配景1　　　　　平移的配景2

图3-26　空间环境分解示意图

景观手绘表现技法

三、仰视、平视、俯视（图3-27）

四、 常见的透视错误分析

此作品的透视为一点透视，但画面中的视点选择有明显的错误。可以看出，中间石头平台的透视出现明显的问题，应该把视点提高，这样才能和后面的草垛及整体环境相协调，符合透视的视觉统一关系（图3-28）。

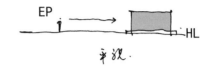

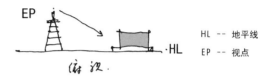

HL -- 地平线
EP -- 视点

图3-27　透视示意图

图3-28　学生线稿作品

图 3-29 画面中出现的问题有三个：一是画面比较杂乱，没有形成统一的秩序。二是视点选择混乱。三是景观汇总主题不够突出，植物形体表现显得比较单薄。建议多观察、多临摹、多联系，按照一定的透视规律来完善手绘作品。

图 3-29　学生景观手绘作品

景观手绘表现技法

第四章

景观手绘表现流程

第一节　景观草图

景观草图即设计手稿，是设计师徒手表达设计目的和设计预想的第一步，也是体现设计者设计意图和对敲设计方案的一个非常重要的环节。当我们翻阅大师的设计稿时不难发现，那种转瞬即逝的设计灵感，简单，甚至潦草几笔；在那粗放以至不羁的涂抹修改中，始终有一个原创的灵感在主导着，活动着，带领着设计的每一步，并走向成功（图4-1）。

微型速写稿是速写中的速写，在数秒之间，用最小的纸张概括出景观空间的基本形体、透视关系和整体感受，它锻炼的是作者果断、勇敢、大气的心理感受和行云流水的用笔。微型速写稿练习中要观察描绘对象的基本形体关系、透视方向以及疏密的对比，发现画面中容易出现的问题，及时地调整，为后面景观手绘的整体表现做好铺垫。微型速写稿在整个景观手绘的学习过程中有着十分重要的作用（图4-2、图4-3）。

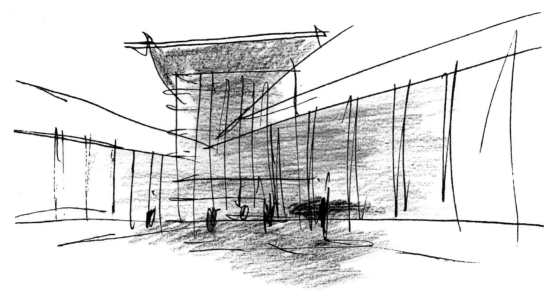

景观手绘表现技法

图 4-1　建筑环境手绘速写

图 4-2　景观草图微型速写稿 1

图 4-3　景观草图微型速写稿 2

微型稿和正稿的对比：图4-4、图4-5。

图4-4　景观手绘微型速写稿与正稿对比1

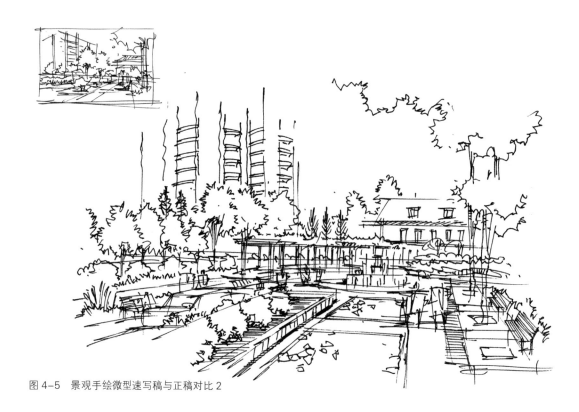

景
观
手
绘
表
现
技
法

图4-5　景观手绘微型速写稿与正稿对比2

第二节　快写

　　快写就是快速地记录对象，也可以理解为简单快速概括的描绘对象。与微型景观速写不同的是，它的尺寸没有那么固定，可大可小，一般情况下为 A4 尺寸。在写生条件较差或者人流量很多不方便长时间写生的时候经常用此种方法。因时间短，故下笔应果敢、不拘于小节（图 4-6 ~ 图 4-8 ）。

图 4-6　公园景观手绘线稿快写表现

图 4-7 校园建筑景观手绘线稿快写表现

图 4-8 民居环境手绘线稿快写表现

第三节　手绘线稿、彩色铅笔、马克笔手绘完整作品

景观物和空间的透视关系有着很强的方向性和节奏性，对于初学者来说，由于造型能力有限且缺乏经验，倘若徒手画歪或者画错了几根主要的线，或者主要画面中的色彩关系较乱的话，那么画面中将出现很不和谐的空间关系，甚至产生透视或者空间的错乱。由于钢笔难以修改，因此会影响手绘者的情绪和心态。对于初学者，不宜直接在白纸上一挥而就，建议先勾勒几张草图，选择其中较好的构图形式，应注意景观形体的透视、比例、结构、质感、色彩、环境、工具等造型因素，然后按照正确的步骤完成较完整的画面。

一般来说，景观手绘表现有以下几个步骤：

步骤一：立意，进行线稿表现。对要表达的对象进行充分的认识，分析画面构成关系以及空间透视等要素，明确技法，但不要追求画面的照片效果，而失去景观手绘的特点。注意画面的构图，建议先画个草图，之后用长线画出景观基本轮廓、透视方向等，可以大胆的取舍，以表现对象的主要特征。再在线条的基础之上略加明暗，通过线条的叠加丰富画面，增强物体的体积感和空间感（图4-9）。

步骤二：马克笔上色。一幅优秀的线稿作品能勾起手绘者上色表现的欲望。马克笔上色时首先要考虑画面的色彩环境和色调。组织色彩是关键的一步，根据对象的结构和方向等因素，用马克笔的粗头概括主要景观物的主要部位和大的色彩关系，用笔要果断、利索，不可拖泥带水、犹豫不定（图4-10）。

步骤三：深入刻画。在马克笔上色的基础上进行刻画，包括对象的层次关系。注意光线在整个色彩环境中的作用，以及带来的光影的变化和层次。用笔应果断、流利，用笔触塑造出每个部位的质感，尽可能地塑造完整（图4-11）。

景观环境上色示范

步骤四：彩色铅笔刻画。由于马克笔的笔触和色彩较单一，因此在一些部位需要用彩色铅笔进行辅助的刻画，以达到协调画面关系、丰富画面的目的。应按照对象的结构关系进行线条的组织和排列（图4-12）。

步骤五：整体调整。调整画面的主次关系和空间层次等，适当地对影响画面的要素进行调整。对蓝天、地面等进行辅助刻画，注意点、线、面节奏的控制。用高光笔进行特殊部位的提白，用深色的笔对暗部和投影处进行进一步的刻画，增强画面的丰富性，让其达到最佳的效果（图4-13）。

景观手绘表现技法

图4-9 景观手绘线稿立意

图 4-10 景观手绘马克笔上色

图 4-11 景观手绘深入刻画

图 4-12　景观手绘彩色铅笔刻画

景观手绘表现技法

图 4-13　景观手绘整体调整

第四节　描摹与写生练习

建筑手绘写生照片：图 4-14。

建筑手绘写生线稿：图 4-15。

建筑手绘彩色铅笔上色表现：图 4-16。

建筑手绘马克笔上色表现：图 4-17。

图 4-14　建筑手绘写生照片

图 4-15　建筑手绘写生线稿

图 4-16　建筑手绘彩色铅笔上色表现

景观手绘表现技法

图 4-17　建筑手绘马克笔上色表现

第五节　线稿练习

　　线稿是一切手绘的开始，也是手绘过程中最重要的环节，一幅优秀的线稿作品总给人以美的享受，并能勾起手绘者上色的欲望。景观手绘线稿一般可分为线、面、线面结合三种表现形式。从点到线，从线到面，从面到体，从体再到空间，这是空间形成的过程，而这一切都是从线条开始的。线条是景观速写最基本的要素，如何运用线条来表现客观事物显得尤为关键。

　　在整个景观手绘过程中，要大胆地运用线条来表现物体、表达对象，体坱不同线条对表现对象的感觉、升华自我感受。充分运用线条的轻重、长短、疏密、节奏、组合等来实现艺术效果，加强线条的灵活性和生动性，增强艺术表现力（图4–18 ~ 图4–48）。

空间环境手绘线稿表现

图4-18　居住区景观手绘

图 4-19　景观手绘线稿

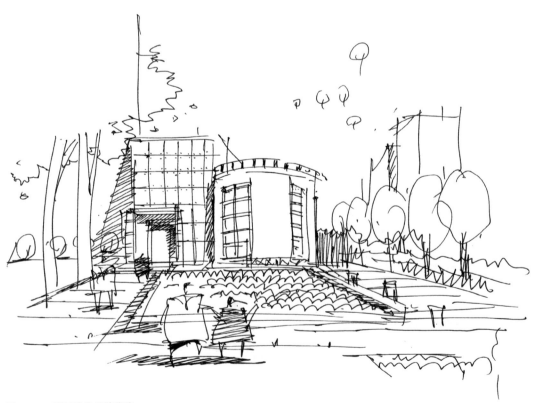

景观手绘表现技法

图 4-20　校园建筑手绘线稿

图 4-21 景观环境手绘表现线稿 1

图 4-22 景观环境手绘表现线稿 2

图 4-23　景观环境手绘表现线稿 3

景观手绘表现技法

图 4-24　景观环境手绘表现线稿 4

图 4-25　景观环境手绘表现线稿 5

图 4-26　景观环境手绘表现线稿 6

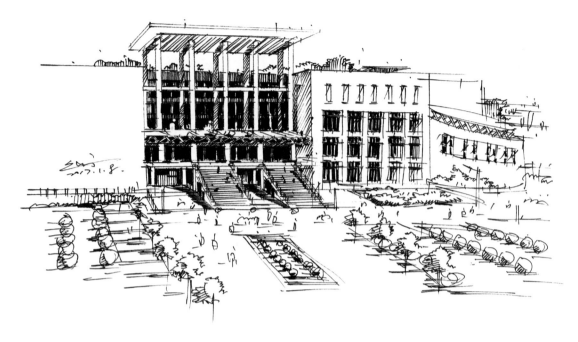

图 4-27　景观环境手绘表现线稿 7

图 4-28　景观环境手绘表现线稿 8

图 4-29　景观环境手绘表现线稿 9

图 4-30　景观环境手绘表现线稿 10

图 4-31　景观环境手绘表现线稿 11

景
观
手
绘
表
现
技
法

图 4-32　景观环境手绘表现线稿 12

图 4-33 景观环境手绘表现线稿 13

图 4-34 景观环境手绘表现线稿 14

图 4-35　景观环境手绘表现线稿 15

景
观
手
绘
表
现
技
法

图 4-36　景观环境手绘表现线稿 16

图 4-37　景观环境手绘表现线稿 17

图 4-38　景观环境手绘表现线稿 18

图 4-39　景观环境手绘表现线稿 19

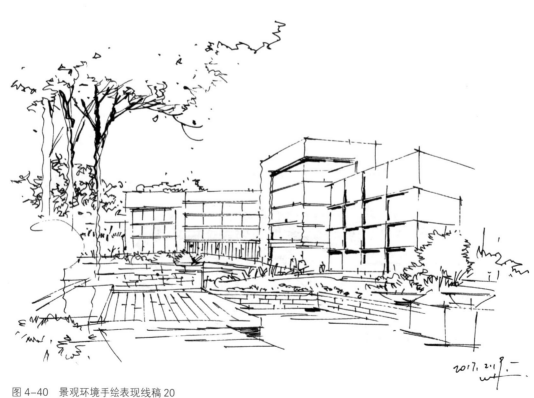

景观手绘表现技法

图 4-40　景观环境手绘表现线稿 20

图 4-41 景观环境手绘表现线稿 21

图 4-42 景观环境手绘表现线稿 22

图 4-43　景观环境手绘表现线稿 23

图 4-44　景观环境手绘表现线稿 24

图 4-45 景观环境手绘表现线稿 25

图 4-46 景观环境手绘表现线稿 26

图 4-47　景观环境手绘表现线稿 27

景观手绘表现技法

图 4-48　景观环境手绘表现线稿 28

第五章

景观植物与配景表现

第一节　植物

景观手绘表现所涉及的内容相当广泛，除了景观本身以外，景观周边所包含的自然环境和人文环境也是要描绘的对象。植物的作用是可以显示景观物的尺度，调整画面平衡，引导视线，增加纵深感。

植物是景观中最重要的元素。景观植物与建筑环境存在一定的主次关系，建筑在画面表现中通常较为理性，植物则相对较为感性，故景观配景可以起到软化整个景观环境、装饰点缀、烘托主体的作用，帮助表达主体景观的形态特征，衬托主体景观的内涵，在配景的掩映下，整个画面能显得生机盎然、充满活力。

景观植物线稿手绘表现

一、树的基本形状特征

树根据外形特征基本可以分成圆形、伞形、三角形、串形等（图5-1）。

二、树的结构特征

树一般由树根、树干、树枝、树叶构成，不同的树木有不同的形状和结构特征，在写生的时候一定要根据树的种类进行写生练习（图5-2）。

三、树的几何形体归纳

任何复杂的树都可以归纳成简单的几何体，这样在写生的时候就可以很从容的描绘（图5-3）。

四、树的明暗分析

景观配景中树的表现方式主要有三种：一是以线条为主的方法；二是以线面结合为主的方法；三是以明暗色调为主的方法。

图 5-1　树的基本形状线稿

图 5-2　树的结构特征线稿表现

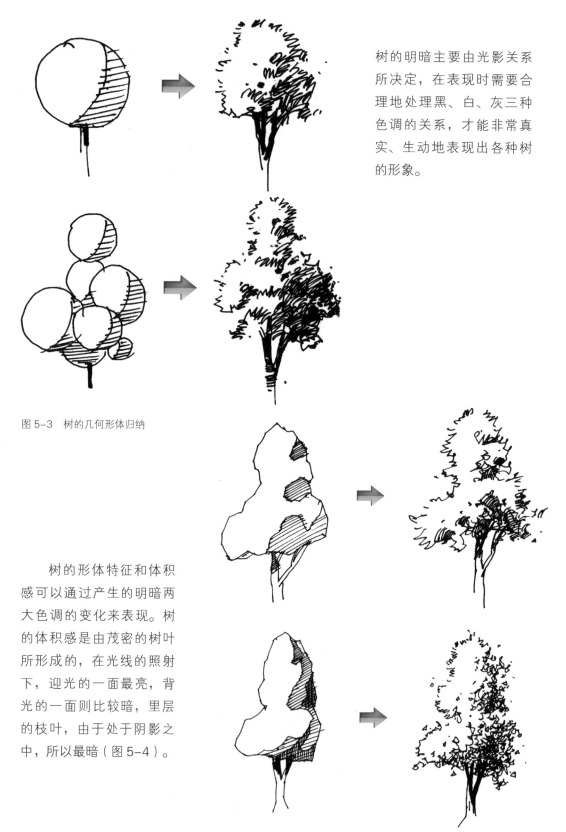

树的明暗主要由光影关系所决定，在表现时需要合理地处理黑、白、灰三种色调的关系，才能非常真实、生动地表现出各种树的形象。

图 5-3　树的几何形体归纳

树的形体特征和体积感可以通过产生的明暗两大色调的变化来表现。树的体积感是由茂密的树叶所形成的，在光线的照射下，迎光的一面最亮，背光的一面则比较暗，里层的枝叶，由于处于阴影之中，所以最暗（图 5-4）。

图 5-4　树的明暗关系表达

景观手绘表现技法

五、树的手绘步骤

首先确定树的结构和形体，以及树的几何外轮廓，然后具体描绘树的外轮廓和明暗关系，最后丰富画面，调整整体关系。在景观风景中，树木是景观的配景，一般情况下不用投入太多，以免喧宾夺主（图5-5）。

六、常见植物的手绘线稿和上色表现（图5-6～图5-24）

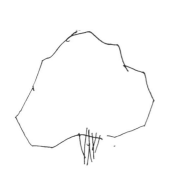

图5-5　树的手绘线稿步骤

图5-6　树的手绘线稿表现

棕榈:

　　棕榈树：结构较复杂，绘画技法比较难。建议不要刻意追前那种高的透写性质的技法，简单地掌握一些近景远景，抓住基础概念再画即可，将空间层次区分开就很好！

图 5-7　棕榈科树木手绘线稿表现

图 5-8　常见植物的手绘线稿

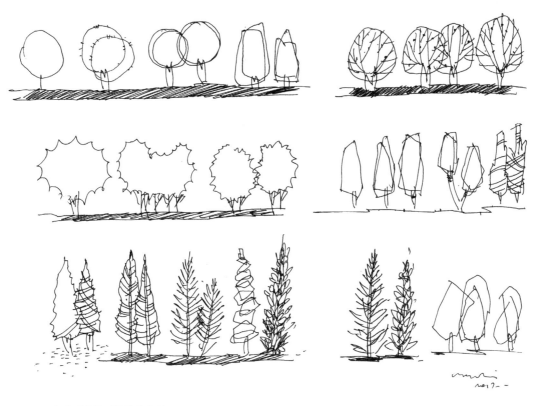

图 5-9 各种乔木的手绘线稿表现

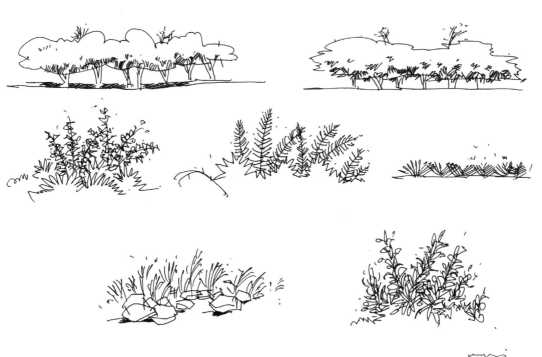

图 5-10 常见灌木的手绘线稿表现

图 5-11　植物手绘线稿表现 1

图 5-12　植物手绘线稿表现 2

景观手绘表现技法

图 5-13　植物手绘线稿表现 3

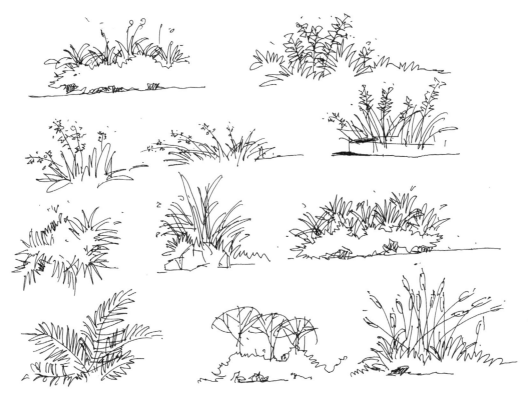

图 5-14　植物手绘线稿表现 4

图 5-15　植物手绘上色表现 1

景观手绘表现技法

图 5-16　植物手绘上色表现 2

图 5-17 植物手绘上色表现 3

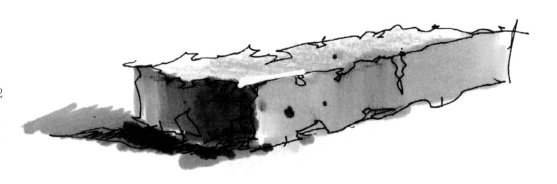

景观手绘表现技法

图 5-18　植物手绘上色表现 4

图 5-19　植物手绘上色表现 5

图 5-20　植物手绘线稿表现 5

景观手绘表现技法

图 5-21　植物手绘上色表现 6

图 5-22　植物手绘上色表现 7

图 5-23　植物手绘上色表现 8

图 5-24　植物手绘上色表现 9

第二节　人物表现

　　在社会中人占主体的地位，可是在景观手绘中，人物在画面中属于从属地位，因此只需把人的基本动态和比例关系准确流畅地表现出来即可，可以有一定的抽象性和概括性。在景观手绘表现里人物配景主要起到三个作用：一是衬托景观的比例尺度；二是营造画面生动的生活气息；三是由远近各点人物的不同大小增强画面空间感。

　　在画有人物和景观的场景中要注意人物与景观物的比例关系，还应根据不同场合的景观环境来安排不同年龄阶段、不同职业身份的人物配景，人物的衣着姿态，大小前后要能够烘托空间的尺度比例，也要能反映环境的场合功能。

一、单体人物（图 5-25）

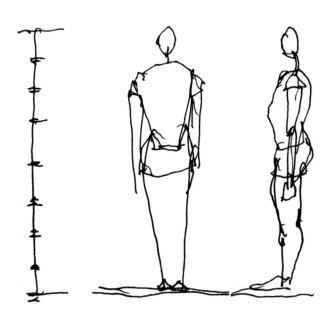

图 5-25　单体人物事例

二、群组人物

群组人物适合出现在如商业区、休闲区、娱乐区等环境比较热闹的场合，以突出环境中的前后和层次关系，渲染环境气氛，表现手法应尽量概括（图5-26、图5-27）。

图5-26　群组人物线稿1

图5-27　群组人物线稿2

三、群组人物手绘线稿和上色表现（图5-28～图5-31）

图 5-28　群组人物手绘线稿

图 5-29　群组人物上色表现 1

图 5-30　群组人物上色表现 2

图 5-31　群组人物上色表现 3

第三节　交通工具

　　画面中的交通工具既可以辅助表现场景的空间关系，又可以增添画面的生活气息，但是需要准确表达透视关系和结构比例，形体表现应尽量简化。

一、常见的交通工具
常见的交通工具有汽车、摩托车、自行车、帆船、地排车、拖拉机、电缆车、板车等。

二、交通工具的手绘线稿和上色表现（图 5-32 ～图 5-36）

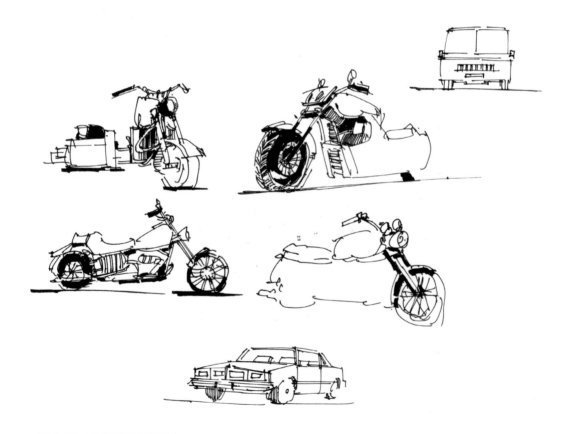

图 5-32　交通工具手绘线稿 1

图 5-33　交通工具手绘线稿 2

图 5-34　交通工具上色表现 1

景观手绘表现技法

图 5-35　交通工具上色表现 2

图 5-36　交通工具上色表现 3

第四节　其他配景表现

一、石墙：图 5-37。

二、木门：图 5-38。

三、路面及台阶：图 5-39。

四、河流：图 5-40。

五、木材及草屋：图 5-41。

六、其他：图 5-42。

图 5-37　石墙手绘线稿表现

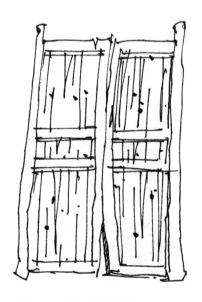
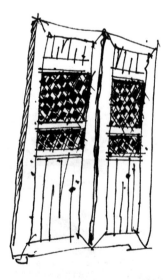
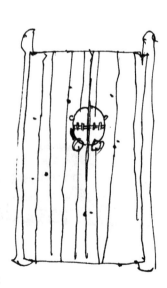

景观手绘表现技法

图 5-38　木门手绘线稿表现

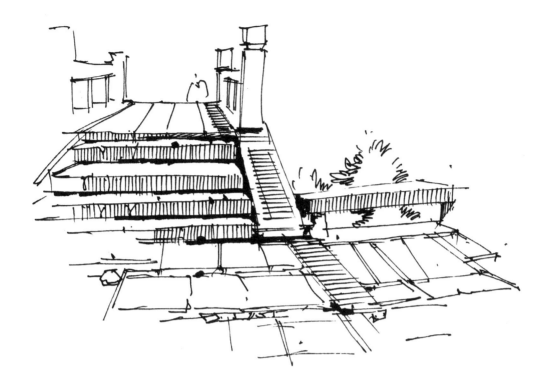

图 5-39　路面及台阶手绘线稿表现

图 5-40　河流手绘线稿表现

图 5-41　木材及草屋手绘线稿表现

景观手绘表现技法

图 5-42　其他手绘线稿表现

第六章
景观空间综合表现

第一节　前沿景观手绘技法综述

　　景观手绘表现是设计的必然产物，是传达设计意图、表现景观环境效果最有效的方式。随着时代的发展和信息技术的飞跃，面对 MAYA、3DMax、Sketch Up 等专业效果图软件的逼真效果，用手绘来表达景观的效果显得越来越单薄。因此，手绘在当下的真正意义是值得我们深思并不断探索的（图6-1）。

　　快速创作草图是设计的雏形，是在大脑分析设计的同时结合手绘勾线绘制出的空间场景，记录着设计师最有灵性的原始意念。它没有过多的细节体现，但是整体饱满，空间关系明确，透视基本准确，效率高，并结合光影表达出最直观的效果，例如悉尼歌剧院手绘草图（图6-2）。

　　长期反复的训练构思和绘制，对设计方案进行深入推敲，有助于培养手绘者对方案的深入分析能力。此外，在设计师比较设计方案和设计效果时也需要借助快速草图，这是设计中的便捷方法和必要途径。景观手绘快速表现记录了设计师第一时间最直观的想法，从而为和别人进行交流及最终的电脑表现奠定基础。设计方案最终的手绘效果图或者电脑效果图都是从最初构思的草图而来的。对景观手绘快速表现要有一个正确的观念：快速表现不是为了流畅和帅气好看等外部因素，而是为了更好的设计，例如弗兰克·盖里手绘草图（图6-3）、安藤忠雄手绘草图（图6-4~图6-5）、马岩松建筑草图（图6-6）。

景观手绘表现技法

图6-1　草图大师图例

图 6-2　悉尼歌剧院手绘草图

图 6-3　弗兰克盖里手绘草图

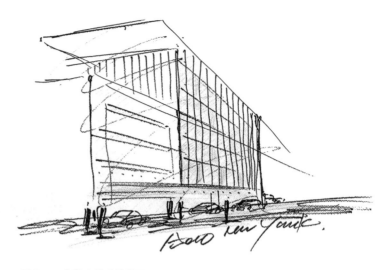

图 6-4　安藤忠雄手绘草图 1

图 6-5　安藤忠雄手绘草图 2

景观手绘表现技法

图 6-6　马岩松建筑草图

第二节　景观手绘快速表现综合分析

一、手绘快速表现基本方法

个人练习快速手绘最重要的要点有两个：一个是快速，另一个是表达清楚设计重点。每个人的手绘草图都带有个人独特的魅力和气质，看似同样的一条直线、一个基本形体，不同的人画出来，线条的张力、感受程度、饱满程度以及情感色彩都是不同的，或果断直接、或沉稳有力、或古拙质朴、或清新飘逸。快速表现（草图）的要点是快，而不是乱，更不是潦草。线条要美观流畅是对草图更进一步的要求（图6-7）。

练习快速表现，前期可以尝试快速绘画，临摹是一个好的途径，临摹景观模型空间或者真实空间场景，用这种训练方法来熟练快速地进行空间绘制，体会景观形体的空间组合，注意线条的表现效果（图6-8）。

独立创作快速手绘时，要注意草图所要表达的重要内容：

1. 意在笔先，明白表现意图，着重手绘画面的核心部分。

2. 经营构图，明确透视关系。

3. 配景合理组织、简洁明了，注重形体的概括，烘托主要的设计部分。

4. 线条流畅，疏密有致，利用黑、白、灰的关系来营造画面的空间感。

5. 如线条不能很清楚的表达设计方案，可利用色彩为画面服务，更好地烘托设计意图。

6. 尽可能地少用色彩，注意色彩的统一和适当的对比（图6-9、图6-10）。

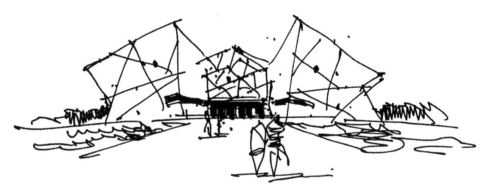

景观手绘表现技法

图 6-7　建筑手绘草图

图 6-8　景观环境快速表现

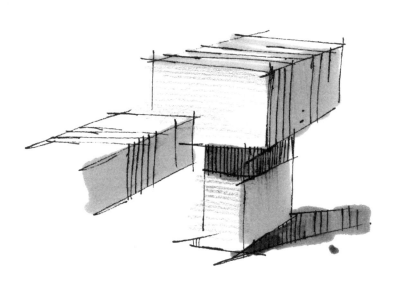

图 6-9　结构关系层析表现

图 6-10　建筑手绘表现

二、景观快题手绘表现

1. 景观快题设计的含义与应用

　　快题设计是指设计的原形构思，是设计最初的形态化描述。快题设计表现出原创性、灵感性、多样性和不确定性。

　　景观快题手绘表现是在较短的时间内较全面、快速的表达景观设计意图的一种重要方式。景观快题手绘表现与一般的手绘表现在内容上有所区别，一般的手绘注重表现形式和技法，而快题设计更注重构思和创意。快题设计一般是有设计命题的，要在有限的时间内完成命题的构思与表达，不仅仅是对设计形态的原创速记，还要对其空间结构等要素进行分析记录。因此，快题设计可以是空间形态设计的创作草图，也可以加入文字综述来诠释和说明。

景观快题手绘表现有至关重要的作用，全国硕士研究生统一招生考试、国家注册景观设计师考试以及多数大型景观设计院的招聘考试中，手绘快题表现是必不可少的科目，快题设计主要考察学生的创意思维、应变、审美修养、空间创造等各方面的综合能力（图6-11）。快题设计是专业基础课程，对培养和提高学生的创造力和表现力起着重要作用，同时也是各门专业课程学习时必须掌握的交流语言、设计语言。

手绘快题创作

2. 快题设计的基础要求及表现内容

快题设计理论基础是对景观设计的基本理论、基本要求和基本方法的总体概述，同时也是设计思想的重要理论依据，所以各所景观和设计类院校均要求掌握良好的设计基础和设计理论，其中包括平面构成、色彩构成、立体构成、中外景观史、美学、各个时期的风格流派、人体工程学、景观材料和装饰材料、环境心理学等一系列与设计相关的基础理论知识，学生通过对这些理论知识的学习，与自己的设计思想相结合，形成功能布局合理、满足审美需求的设计方案。参考书目如图 6-12 ~ 图 6-15 所示。

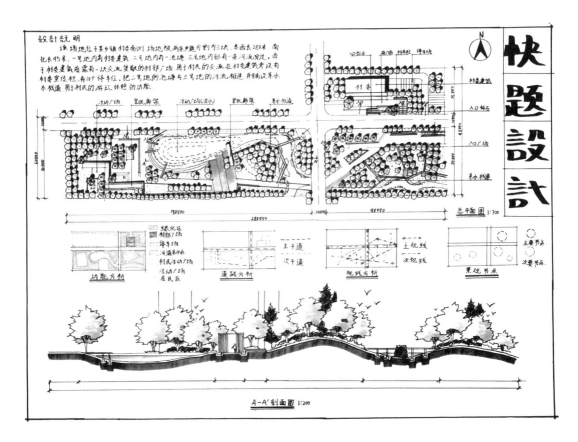

图 6-11　景观快题手绘表现

图 6-12　中国建筑史

图 6-13　平面构成

图 6-14　建筑材料

图 6-15　建筑装饰装修材料

① 平面图

　　平面制图包括平面布置图、立面图、剖面图、节点详图等。一个景观设计表现首先要看它的平面布置图，从平面布置图上分析出设计内涵。当方案成熟后还要从立面、剖面效果图来理解设计。平面图是景观设计图中最重要的部分，包括空间布局、场地功能划分、结构分析、节点、功能形式等设计要素都可以在平面图上反映出来。设计师在绘制平面图的时候应该头脑清晰，突出设计意图，绘制合理的线宽、比例尺寸、功能样式、设计风格、指北针等，并加以重要局部塑造和添加阴影，将效果清晰地呈现出来。任何设计都是以解决功能组织问题为前提的，一个好的平面图应一目了然的将设计方案的整体空间关系表现出来（图 6-16）。

景观手绘表现技法

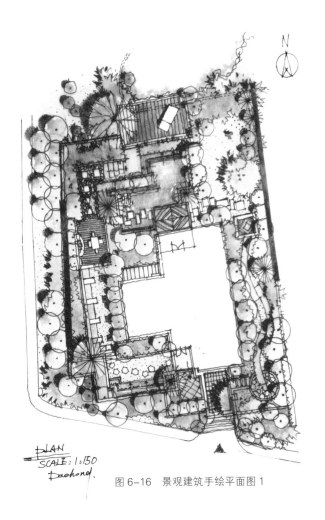

图 6-16 景观建筑手绘平面图 1

平面图的元素表现要选用
恰当的图例，层次感要分明，
有立体感、整体感、统一感。
图中重要场地和元素的绘制要
相对细致，而一般元素可以简
单绘制，以烘托重点、节约时
间。良好的设计配合表现恰当
的平面图，总会赢得设计的成
功（图6-17）。

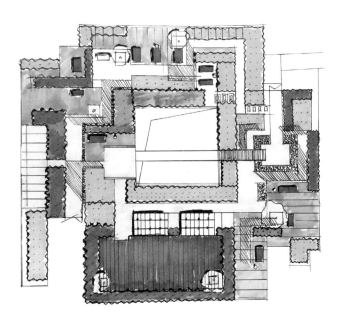

图 6-17 景观建筑手绘平面图 2

②透视图

透视图一般是根据平面图、立面图绘制而成的。透视图顾名思义就是遵循透视原理进行手绘和表现的效果图，其成像原理与人的眼睛或摄像机镜头的成像原理相同，具有近大远小的距离感。透视图能够把失去的空间环境正确的反映到画面上（图6-18、图6-19）。

图6-18 景观建筑手绘透视图1

景观手绘表现技法

图6-19 景观建筑手绘透视图2

③快题设计的表现内容

设计主题：根据所给的题目大意和设计要求进行创意。

设计说明：说明景观设计的整体思路和设计理念，语言应准确简练。

平面图：空间功能分区、陈设布置、适当的绿化植被、地面铺装、图纸名称和比例、材料标注等。

立面图：景观外立面造型处理、景观材料的示意、标高、尺寸标注、图纸名称及比例（图6-20～图6-24）。

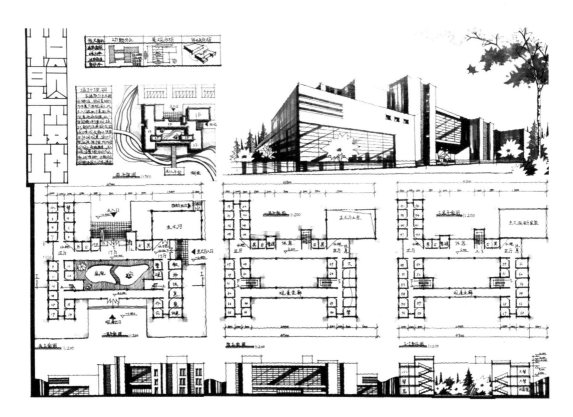

图6-20 建筑环境手绘表现线稿

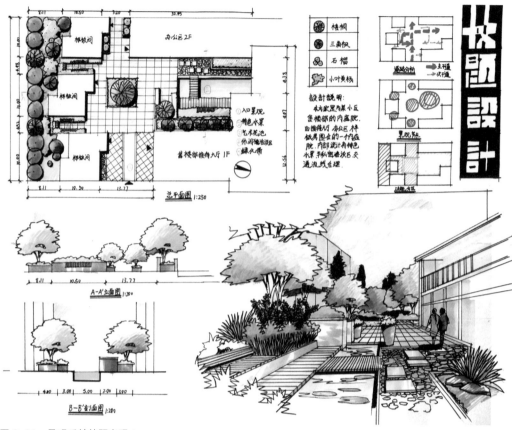

图 6-21　景观手绘快题表现 1

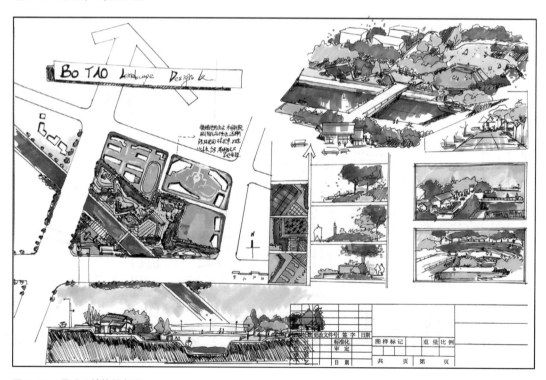

景观手绘表现技法

图 6-22　景观手绘快题表现 2

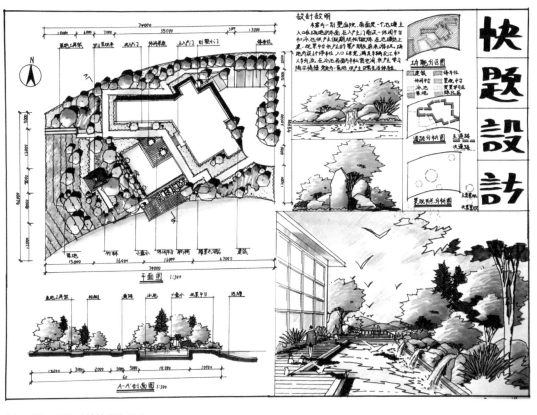

图 6-23 景观手绘快题表现 3

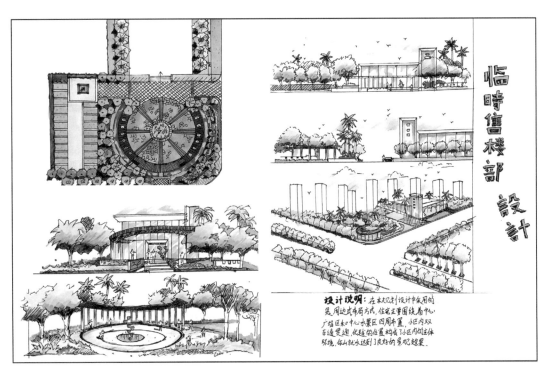

图 6-24 景观手绘快题表现 4

第三节　景观场景综合表现

一、景观场景综合表现的基本方法（图6-25～图6-29）

景观场景综合表现是至关重要的。基本技法我们在第二章中已经系统讲解，这里不再赘述。完成景观场景手绘作品时，要注意景观场景手绘所要表达的内容：

1. 着重绘制画面的核心部分，也就是景观场景的主要部分和构件。

2. 主景和配景合理组织，烘托主要的景观部分。

3. 线条疏密有致，利用黑、白、灰的关系来营造空间感。

4. 色彩作为辅助，为景观场景的画面服务。

二、景观场景快速表现综合分析

在景观设计的过程中，前期借助空间草图构思能很好地表现空间的概念设计，有助于设计师对方案进行推敲、深化，同时也可以快捷地给团队和甲方展示设计成果。在景观场景手绘的时候，不仅仅要注意景观的构成关系和尺度，还应迅速地勾画出配景，注意画面构图，刻画内容从中心向四周细致程度逐渐递减，使之具有空间层次感（图6-30）。

要从画面构图、空间进深和快速上色三个方面来深化。

结合平面图绘制的概念草图用于前期汇报概念展示，草图空间能概念地展示出场景宏观上的内容和气氛即可。景观草图绘制的时候，一般采取简洁的线条，而植物、建筑等的加入，使得画面技法表现难度增加、步骤繁琐，因此在表现植物等配景时，线条应尽可能地简洁明了，突出配景的烘托作用即可（图6-31～图6-33）。

图 6-25 景观建筑环境综合手绘线稿 1

图 6-26 景观建筑环境综合手绘线稿 2

图 6-27　景观建筑环境综合手绘表现 1

景观手绘表现技法

图 6-28　景观建筑环境综合手绘表现 2

图 6-29　景观建筑环境综合手绘表现 3

图 6-30　线条空间组织

景观手绘表现技法

图 6-31　景观建筑环境综合手绘表现 4

图 6-32　景观建筑环境综合手绘表现 5

图 6-33　景观建筑环境综合手绘表现 6

三、景观手绘快速表现综合分析

景观手绘快速表现不仅仅是高效的，而且在表达的时候也是相当放松的。它没有固定的表现样式，不用太在意绘制时的状态和要求，一切都是快速推进、逐步丰富的，可以随机出现多种形式。一切的想法和构思会随着草图快速绘制而变得更加有趣和丰富、更加不可思议和出乎意料，这样的构思创作训练会一步步增强设计师对方案概念设计的敏感度。

在快速表现的时候，对于线条的绘制应因地制宜。比如绘制较短的线条时，直线很好把握；而绘制较长的线条时，一般比较困难，效果也比较死板，多用颤线来表达，但是首尾处要果断有力，才能明确它的转折和结构关系。因此，一幅快速表现手绘图应该是曲直结合、灵活组织。同时，随性的线条偶然也会引发出新的思路，增强景观设计方案的创造性。

流畅的线条组织会使画面空间更加精彩，从画面中心向四周形成由密到疏、由丰富到简练的变化效果，地面的线条排列组织会让画面显得更加沉稳。快速表现阶段的空间概括和重要元素提取，会让画面的空间感更加强烈，便于设计思维的进一步发散（图6-34～图6-36）。

结合景观的各种结构形式进行空间构思的训练，然后总结记录，便于在创作时快速建立空间架构。需进一步对空间形体有创新思维、发散思维以及突破思维。例如在完成主体形体塑造的同时，还需要考虑周围空间要素的衬托效果，在画面中快速地处理好配景空间表现，这样才能完整的完成一张快速表现的手绘效果图（图6-37、图6-38）。

为了凸显空间透视的效果，勾勒线条的时候应注重加强进角度的透视感，以深化景观的气势，使整个画面表现得更有张力。景观手绘快速表现应注意以下几点：

1. 在进行景观体块重要的结构线勾勒时线条应该流畅清晰，线条相接的地方应有交叉和停顿，应果断有力。

2. 对景观门窗、材质线、阴影线勾勒时可以微微放松，力度不超过结构线。

3. 强化主体的描绘，简化配景。对于配景只需勾勒线条或者主干即可，远景的线条要放松，以此衬托画面的主体。

4. 突出空间关系，明确画面中前、中、后的层次关系，并使主次协调（图6-39）。

线稿快速表现完成后，适当给画面做些色彩处理：可以给画面主体上色以突出主次，也可以给配景上色来衬托主体，总之突出重点是目的，不需要过多深入，否则反而会喧宾夺主，同时也浪费时间，应谨记"设色简单"的概念（图6-40～图6-42）。

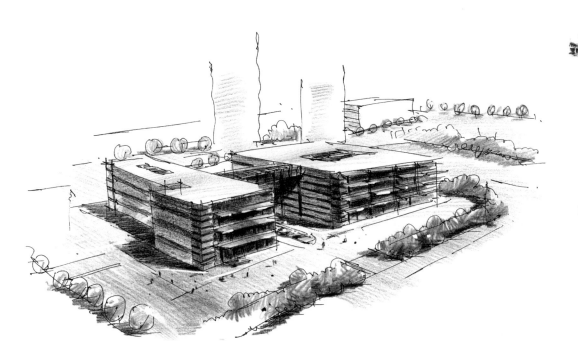

图 6-34　景观建筑环境鸟瞰手绘表现 1

图 6-35　景观建筑环境鸟瞰手绘表现 2

图 6-36　景观建筑环境综合手绘表现 1

景观手绘表现技法

图 6-37　景观建筑环境综合手绘表现 2

图 6-38 景观建筑环境综合手绘表现 3

图 6-39 景观建筑环境综合手绘表现 4

图 6-40　景观建筑环境综合手绘表现 5

景观手绘表现技法

图 6-41　景观建筑环境综合手绘表现 6

图 6-42 景观建筑环境综合手绘表现 7

5. 景观手绘作品赏析：图 6-43 ~ 图 6-57。

图 6-43 景观建筑环境综合手绘表现 8

图 6-44　景观建筑环境综合手绘表现 9

景观手绘表现技法

图 6-45　景观建筑环境综合手绘表现 10

图 6-46 景观建筑环境综合手绘表现 11

图 6-47 景观建筑环境综合手绘表现 12

图 6-48　景观建筑环境综合手绘表现 13

图 6-49　景观环境综合手绘表现 14

图 6-50 景观环境综合手绘表现 15

图 6-51 景观环境综合手绘表现 16

图 6-52　景观环境综合手绘表现 17

景
观
手
绘
表
现
技
法

图 6-53　景观环境综合手绘表现 18

图 6-54　景观环境综合手绘表现 19

图 6-55　景观环境综合手绘表现 20

图 6-56　景观环境综合手绘表现 21

景
观
手
绘
表
现
技
法

图 6-57　景观环境综合手绘表现 22

参考文献

[1] （美）James Richards . 手绘与发现：设计师的城市速写和概念图指南 . 程玺，译 .

北京：电子工业出版社，2014

[2] 孙述虎 . 景观设计手绘：草图与细节 . 南京：江苏科学技术出版社，2016

[3] 赵国斌，周雪 . 设计思维与徒手表现（空间快题设计）. 沈阳：辽宁美术出版社，

2013

[4] 李磊 . 印象手绘：室内设计手绘教程 . 北京：人民邮电出版社，2014

[5] 邓蒲兵 . 景观设计手绘表现 . 2 版 . 上海：东华大学出版社，2016

[6] 陈红卫 . 陈红卫手绘表现技法 . 上海：东华大学出版社，2013

[7] 钟训正 . 建筑画环境表现与技法 . 北京：中国建筑工业出版社，2009

图书在版编目（CIP）数据

景观手绘表现技法/ 王炼，陈志东编著. —南京：
东南大学出版社，2019. 5

ISBN 978-7-5641-8378-3

Ⅰ. ①景… Ⅱ. ① 王… ② 陈…Ⅲ. ① 景观设计–
绘画技法–教材　Ⅳ. ① TU986.2

中国版本图书馆CIP数据核字（2019）第 073890 号

江苏建筑职业技术学院园林工程技术专业校级品牌专业建设项目

项目编号：PPZY2016A03

景观手绘表现技法 Jingguan Shouhui Biaoxian Jifa

出 版 发 行	东南大学出版社
社　　　址	南京市四牌楼 2 号　（邮编：210096）
出 版 人	江建中
责 任 编 辑	马　伟
经　　　销	全国各地新华书店
印　　　刷	徐州绪权印刷有限公司
开　　　本	787mm ×1092 mm　1/16
印　　　张	9.75
字　　　数	243 千
版　　　次	2019 年 5 月第 1 版
印　　　次	2019 年 5 月第 1 次印刷
书　　　号	ISBN 978-7-5641-8378-3
定　　　价	68.00 元

本社图书若有印装质量问题，请直接与营销部联系，电话：025-83791830。